2 francs

ADOLPHE GADOT

LES UNITÉS
DE
LA FORCE

PARIS
LIBRAIRIE DUCROCQ
55, RUE DE SEINE

LIVRE I

LES UNITÉS DE LA FORCE

EXPOSÉ

« SUR L'UNITÉ DE MESURE »

> « Les nombres n'expriment pas seulement les *lois* du monde physique et moral, les *rapports* entre les choses : ils sont le principe même de ces lois, l'essence immanente des choses. »
>
> PYTHAGORE.

Question métrologique essentielle, qui n'a jamais été posée :

« La *longueur* de l'unité de mesure, la *masse* de l'unité de poids sont-elles indifférentes à la science ? »

En d'autres termes :

« Peut-il exister dans la nature, où tout est harmonie des nombres, mesures et poids, où, selon toutes les conjectures de la science, il n'est qu'**une** *matière* et qu'**une** *force* (ces seules raisons *a priori*) plus d'**une** *seule* véritable unité linéaire, **une** *seule* unité de poids, unités mêmes de « la **Force** alliée à la **Matière** », pour la fidélité des calculs de la science ? »

Enfin, pour poser nettement la question dans l'ordre des mesures existantes, en la rapportant au mètre, la plus répandue, et dont l'usage tend chaque jour à s'étendre davantage l'exemple que nous prenons sur le mètre pouvant s'appliquer indistinctement à toutes les mesures :

Le nombre des mesures est encore fort grand, en usage dans le monde entier.

Si ce n'est la preuve même que la pensée d'une mesure unique n'existe pas dans les esprits, c'est la démonstration pure et simple que cette unité n'a pas été découverte par les savants ; sans cela tous les peuples s'empresseraient de s'en saisir, et il n'y aurait bientôt plus qu'une mesure au monde...

... Cette conséquence supposée de la découverte de la véritable unité naturelle sous réserve, sans doute, de toutes résistances vaincues, nées de la routine, des intérêts individuels menacés dans toute invention nouvelle, par l'énergique décision des gouvernants.

Autrement, nous savons toute la lenteur du progrès dans les sociétés humaines...

Le mètre seul existe, dans l'hypothèse, d'un usage universel :

« *La question scientifique au premier chef, capitale en science, de l'unité de mesure, est-elle résolue avec le mètre?* »

Telle est la question — « qui n'a jamais été posée parmi nous par les savants » — que nous nous proposons de résoudre dans ces pages :

« Que nous croyons avoir résolue », dans la solution que nous avons donnée au *problème* qu'elle soulève — et qui se présente ainsi pour nous, après détermination du principe physique des mesures :

PROBLÈME :

« *Détermination expérimentale physique* des unités de la **Force.** »

Et donc, leur *découverte* même à opérer en science physique souveraine.

LE MÈTRE

PRINCIPE DE DÉTERMINATION DE L'UNITÉ

« Dans la Nature »

Le décret de l'Assemblée nationale portant création du mètre, dit :

« Pour que cette unité soit à jamais inaltérable et puisse en tout temps être retrouvée, le mètre sera pris *dans la Nature.* »

Tous termes de la loi même, rédigés par le législateur sous l'inspiration de nos savants.

Ne voyons d'abord, dans cette rédaction, qu'une formule prétentieuse destinée à frapper l'imagination du peuple.

Toute l'histoire du mètre se ressent de cette préoccupation première de ses auteurs astronomes.

Pourquoi le mètre est-il auprès de nous un objet quasiment divin en science?

« Parce qu'il est pris *dans la Nature* » — selon notre foi naïve dans la parole des savants — de Delambre, son principal déterminateur.

Le mètre n'est pas pris dans la Nature; le méridien de la terre ne constituant nullement la Nature.

La terre est ronde, effet de la Pesanteur.

Son diamètre, comme le méridien terrestre, ses proportions comme globe, n'ont rien de commun avec le principe physique du monde, dans lequel seul doit être déterminée l'unité.

Divisez le méridien en 36 millions de parties, au lieu de 40 millions, voilà votre unité « divine » disparue.

Une autre peut la remplacer indifféremment.

Le premier chiffre, considéré comme diviseur du méridien, n'est pas plus arbitraire que le second.

« *Le mètre n'est pas pris* dans la Nature. »

Le méridien de notre planète — poussière d'infini — n'est pas le principe physique suprême du monde, « qui crée la *Nature* ».

C'est là, dans la **Force**, qu'il fallait rechercher l'unité naturelle.

Autre point à établir.

Ce n'est pas *pour que cette unité soit à jamais inaltérable et puisse en tout temps être retrouvée*, qu'il faut rechercher l'unité dans la Nature.

Ceci n'est que la « conséquence » de sa détermination dans la vérité physique métrologique.

Mais ce principe de détermination rationnelle de l'unité, il faut d'abord l'établir, le trouver, avant de songer à déterminer l'unité.

L'unité sera *inaltérable* — considérant cette inaltérabilité, dans le principe physique inaltérable, en effet, du monde, où elle doit être recherchée, seulement si l'unité y est déterminée, précisément, dans la vérité de la science.

On pourra alors toujours, de même, la retrouver « *dans tous les temps* » ; le principe physique du monde étant invariable, immuable.

Mais la « *raison* » qui fait qu'on doit rechercher l'unité dans la Nature n'est pas donnée par nos savants.

« Dans la Nature », c'est un terme, chez nos astronomes, emprunté aux savants du XVIIe siècle, qui pensaient, eux aussi, avoir trouvé l'unité naturelle dans le *pendule*.

Nous jugerons leur œuvre, aux uns et aux autres, comme il convient à l'impartiale Critique, à la Science même.

Nous exposons, plus loin, le *principe physique* rationnel des Mesures.

Voilà la véritable et scientifique raison de détermination de l'unité *dans la Nature*.

Physiquement, matériellement, la mesure sera rendue

autant que possible inaltérable, dans les « précautions physiques », que l'on prendra, à cet effet, relativement à l'*étalon* légal.

Ces précautions sont observées chez tous les peuples, dans la conservation de leur unité.

Rien de particulier au mètre.

Pour retrouver le mètre — et toutes les mesures, indistinctement, — on le rapporte au *pendule*, qui ne peut lui-même, dans sa longueur effective, fournir l'unité naturelle, mais qui aide à la détermination ultérieure de l'unité, déjà établie, aussi souvent qu'on trouve bon de se reporter à ce moyen mathématique de vérification de la grandeur théorique de l'étalon.

« Rapport des deux quantités linéaires à établir à l'origine. »

S'il fallait remesurer la terre pour retrouver le mètre... 500.000 francs sont vite dépensés, employés à cet inutile objet.

Et on ne retrouverait jamais son unité.

La détermination du mètre a coûté des millions.

« Pour retrouver le mètre dans tous les temps, sans être obligé de recourir à la mesure du grand arc qui l'a donné, il importait de fixer son rapport à la longueur du pendule ; cet objet a été rempli par Borda, de la manière la plus précise. Il a trouvé, à l'Observatoire de Paris, la longueur du pendule qui fait cent mille oscillations par jour, égale à 0m,741887.

(DELAMBRE, en 1821 :
le Système métrique.)

Que reste-t-il déjà de toute cette phraséologie pompeuse qui nous a tous égarés, éblouis, aidant à notre superstition du mètre ?

De la prétention de nos astronomes d'avoir déterminé là, dans le mètre, l'unité *naturelle ?*

Rien.

LES UNITÉS NATURELLES

« Les nombres n'expriment pas seulement les *lois* du monde physique et moral, les *rapports* entre les choses : ils sont le **principe même** de ces lois, l'**essence immanente** des choses. »

PYTHAGORE.

« Le nombre est l'allié naturel de la **Vérité**, et il est incompatible avec l'**Erreur**. Les nombres se doivent définir : la chaîne toute-puissante et autogène qui constitue la permanence des choses du monde, la prison dans laquelle l'unité divine a renfermé l'Univers. »

Enseignement de PYTHAGORE.
(Ecole pythagoricienne).

PRINCIPE PHYSIQUE DES MESURES

I. — Toute chose, dans la nature, ayant un *rapport* immanent avec elle, expression numérique ou quantitative arithmétique, issu de ce que nous appelons *lois physiques*, quand nous parvenons à découvrir, à déterminer celles-ci :

lois de la pesanteur ;

lois qui régissent les fluides, liquides et vapeurs ; leurs pressions, etc. ;

lois qui régissent les ondes sonores ; les vibrations des cordes en Acoustique ;

lois qui régissent les ondes calorifiques, lumineuses, magnétiques, électriques ;

La *Nomenclature* en Chimie, toute de « proportions » dans les combinaisons de la matière ;

La Mécanique « immanente en Physique », c'est-à-dire dans la Nature ;

La Minéralogie, dans les formes mêmes de la matière, réglées par la Nature ;

La Météorologie, dans les phénomènes célestes, atmosphériques, c'est-à-dire « naturels » ;

Toute l'Histoire naturelle, sans doute, comme toute la *Physique ;*

L'Astronomie, qui n'est que la Mécanique céleste ;

La Chimie organique et végétale, etc., etc. : toute la Nature, scientifiquement ;

Toutes les sciences indistinctement, toutes se rapportant à la Nature;

Jusqu'aux Mathématiques suprêmes, qui règlent tous ces *rapports*, établissent toutes ces lois;

Par ces raisons de *rapport immanent* de toute chose avec la Nature, quantité mesurable à y rechercher et déterminer scientifiquement :

« *L'unité de mesure doit être prise dans la Nature* »

II. — La Nature étant **une** dans toutes ses manifestations physiques, et cette seule raison encore, *a priori* — comme le lien unique qui unit toutes ces *lois*, toutes ces sciences citées plus haut, suffisamment établi par les sciences naturelles, soit la Physique proprement dite, soit la Chimie — suffisant à démontrer l'*unité physique* de la Nature :

« Par cette raison :

« Le mètre, *unité physique*, est **un** dans la Nature[1]. »

MÉTROLOGIE RATIONNELLE ET RAISONNÉE

PROPOSITION UNIQUE

« Le monde est **un**, dans son principe physique suprême, de la *seule* **Force** attachée à la *seule* **Matière :**

Les seules véritables unités naturelles sont les unités de la *force*, propriété physique de la *matière*. »

COROLLAIRE

Toutes autres unités perfides à la science, et donc funestes aux hommes.

Obstacle au Progrès. (*A démontrer.*)

A. G.

1. Si nous considérons le mètre.
Mais le problème doit être posé autrement.
Le mètre... « sera déterminé dans les unités de la **Force** comme *multiple décimal* de l'unité linéaire naturelle. »
Autrement le mètre n'existe pas de lui-même, comme mesure originelle de la **Force**.
Nous verrons ceci plus loin.

LA SCIENCE « DANS LA NATURE »

Quand l'observation nous montre que les corps tombent dans le vide avec une accélération de vitesse qui est une quantité constante, en chemins parcourus, dans des temps égaux, comme la suite des nombres impairs *1, 3, 5, 7, 9, 11, etc.*, que les espaces parcourus, depuis l'instant de leur chute, sont donc entre eux comme les carrés *1, 4, 9, 16, etc.*, des temps *1, 2, 3, 4, etc.*, que la chute a duré ;

Quand Newton nous démontre que les corps célestes sont sollicités les uns vers les autres, en vertu de la **Force,** en raison directe de leur masse, en raison inverse de leur distance :

C'est la Nature qui établit ces *rapports* arithmétiques, ces *progressions*, dans la loi de la Gravité ; ces *proportions* entre la masse des corps, c'est-à-dire leur *cube*, comme entre le *carré* de leur distance, etc.

Quand Képler établit sa loi des *aires* dans le mouvement des astres ;

Quand la **Force,** principe physique du monde, détermine elle-même toutes les formes géométriques de la matière, depuis l'atome insécable, la cellule germinatrice, embryonnaire de la Vie universelle ; la forme harmonique — comme la couleur autant que le dessin — dans tous les êtres organisés, jusqu'à la Beauté suprême réalisée dans l'homme ou dans la femme ; celle relative de l'insecte, de l'oiseau, de la fleur la plus chétive, la plante microscopique :

C'est la Nature qui détermine l'harmonie géométrique de la matière brute comme de la matière animée.

Et donc la Science toute entière, jusqu'aux Mathématiques suprêmes, dans la *Mécanique*, la *Géométrie*, existent dans la Nature.

Pythagore dit :

« Les nombres n'expriment pas seulement les *lois* du monde physique
« et moral, les *rapports* entre les choses : ils sont le **principe même**
« de ces lois, **l'essence immanente** des choses. »

Ailleurs :

« Le nombre est l'allié naturel de la *Vérité*, et il est incompatible avec « l'*Erreur*.

« Les nombres se doivent définir : la chaîne toute-puissante et autogène « qui constitue la permanence des choses du monde, la prison dans « laquelle l'unité divine a renfermé l'Univers. »

Ces seuls traits de l'enseignement du savant grec, dans la *Puissance des* **Nombres,** résumant toute l'harmonie mathématique de la *Création*.

Alors, la même pensée — remontant à la même source — particulièrement mise en évidence, appliquée aux Poids et Mesures, transmise des Egyptiens à Moïse, de Moïse à Salomon, de Salomon à tous les prophètes et rois de Juda :

« *Omnia in mensura, et Pondere, et Numero disposuit Deus*[1]. » (Ex. lib. *Sapient.*)

Archimède nomme Dieu : le grand *Géomètre*, le grand *Architecte*, le grand *Mécaniste* de l'Univers.

Les hommes n'ont inventé que la manière de compter.

C'est d'ailleurs la plus grande chose que l'homme ait inventée, après la découverte du principe de la *Numération décimale* — « la valeur relative d'un chiffre dans un nombre écrit » — la première, la plus grande en science, et qui a plus fait pour le progrès humain que toutes les autres découvertes ou inventions qui ont suivi ; si grandes que soient restées celles-là dans leurs effets bienfaisants parmi nous.

L'auteur de la Numération décimale, par une douloureuse fatalité pour l'humanité reconnaissante de son bienfait, demeuré inconnu...

Celui-là, ignoré, fut le plus grand parmi les hommes.

1. Nous verrons plus loin la science de Pythagore, le plus grand mathématicien de l'antiquité, de Moïse, savant physicien, suprême législateur des Hébreux, des prêtres égyptiens, premiers Initiateurs des hommes aux secrets de la Nature, fondateurs de la chimie, de *Sit*, révélateur de la Puissance des **Nombres**, de *Thoth*, dieu des sciences et des arts, inventeur de la *coudée*, appuyer notre détermination des *unités de la Force* dans cet ordre mathématique, immanent dans la *loi* des **Nombres**, que l'on retrouve partout dans les choses du monde physique.

L'UNITÉ

L'Unité, base de la science.

I. — IMPORTANCE DU SUJET

L'unité de mesure, avec ses unités dérivées, sont le point de départ, en même temps que la base, les assises mêmes de la science, dans ses évaluations sur les nombres.

Tout, en science, est *quantités à mesurer*.

Nous parlons ici de sciences exactes, mathématiques ; les autres, d'induction, ou d'observation, encore basées sur les résultats acquis par celles-là.

La science commande la philosophie, qui nous enseigne la politique ou l'Art de gouverner les peuples.

Telle est l'importance de la question des mesures.

Avec celle de la Numération, y rattachée, dans le problème des subdivisions de la mesure à donner à l'unité — qui va fonder la Numération en *Arithmétique* — c'est la première de la science.

Sans les poids et mesures, la science ne saurait exister.

II. — LE MÈTRE

Qu'est le mètre, en Métrologie rationnelle ?

Le mètre est une unité *astronomique*, créée au nombre de 40 millions dans la mesure du méridien terrestre, pour répondre, dans l'esprit de ses déterminateurs *astronomes*, aux 400 *grades* projetés alors dans la division de la circonférence de cercle — et pour la facilité de leurs calculs... *astronomiques*.

C'est parfait.

Nous savons maintenant ce que c'est que le mètre :

« Le mètre est une mesure *astronomique*, en même temps que *géodésique et nautique;* parce que la Géodésie et la Navigation sont invariablement liées à l'Astronomie.

« **L'Astronomie n'est pas toute la science.** »

Ceci, en gros caractères, pour montrer à tous en quoi et comment les auteurs du mètre se sont trompés.

Il y a la Physique, en première ligne, de manière générale.

L'unité à rechercher étant l'unité *physique* — et non uniquement *astronomique*.

Il y a la *Chimie*, spécialement considérée, dans son œuvre féconde, l'utilité de ses travaux, le renom de ses savants.

Il y a la *Mécanique* qui, dans ses applications industrielles sans nombre, a bien une autre importance en science, dans ses effets sociaux immédiats, que l'Astronomie !

Toutes les grandes découvertes de celle-ci opérées aujourd'hui.

Les astronomes, dès longtemps, bien relégués dans son ombre...

N'ayant plus que le mètre, auquel ils se rattachent désespérément, pour soutenir leur prestige qui s'éteint...

L'unité astronomique sera déterminée par la division de la circonférence du cercle en 240°, en rapport avec les 24 heures du jour rendues décimales.

Voilà la solution ici.

Observons que l'Astronomie est peut-être la seule science qui n'ait pas besoin d'unité, sinon *fictive*.

Les astronomes calculent généralement par *masses* et *diamètres*.

Ils ne vont pas promener le mètre dans l'infini, parmi les étoiles, sur les soleils — pas plus que les navigateurs ne le promènent sur les flots.

Newton n'a pas eu besoin du mètre pour déterminer l'Attraction.

Christophe Colomb, pour découvrir l'Amérique.

Remarquons encore que la réforme des 400 *grades* n'ayant pas prévalu, comme nous en sommes restés aux 360 *degrés* des Chaldéens, le mètre lui-même, tout *astronomique*, *géodésique* et *nautique* qu'il soit, n'a plus sa raison d'être...

Pourrait très bien ne pas exister.

Enfin, si nous considérons comment cette opération d'évaluation du méridien a été conduite par nos astronomes...

Ce que nous trouvons dans tous nos *Dictionnaires*, nos grandes *Encyclopédies*.

La mensuration exacte de notre globe, sphéroïde malléable, en état continuel de déformation, restant de toute manière une utopie...

Le mètre n'est **rien**, pas même une *mesure*, dans le sens propre du mot.

Le mètre, dont la création a été décrétée par l'Assemblée nationale ;

Le mètre réclamé par la Convention n'existe pas.

Le mètre n'a jamais existé.

LA MACHINE ET L'UNITÉ NATURELLE

Dans la recherche de l'unité naturelle, il n'y a pas que l'Astronomie à considérer.

Ce fut l'erreur des auteurs premiers du mètre, astronomes, aveuglément bornés à leur seule science.

Il y a, disons-nous, de manière obsolue, la Physique tout entière.

Mais peut-être chacun l'a-t-il déjà compris.

Il y a la *Chimie*, que nous aurons citée en tête, dans son rayonnement, qui laisse bien loin derrière elle l'Astronomie, en utilité sociale; étroitement liée à la *Mécanique*, comme à l'entière Physique.

Il y a la *Chimie industrielle.*

Il y a la *Mécanique industrielle* ou *appliquée*, qui embrasse à elle seule toute la science physique.

Le champ s'élargit de nos investigations « dans la Nature »!

C'est toute la science qui nous apparaît.

(Il nous serait aisé de démontrer aussitôt que l'unité à rechercher était l'unité *mécanique*, unité *physique* essentielle. Nous y arriverons. Suivons notre raisonnement.)

Alors, la Mécanique et la Chimie uniquement considérées dans leur domaine illimité, envisageant le progrès moderne dans le moteur qui l'anime, après l'avoir créé lui-même, comme il a créé le monde nouveau, moteur effectif, utilisant la **Force**, dans ses effets moraux, autant que physiques, inattendus, mal ordonnés, trop souvent funestes, bouleversant la société nouvelle, ses codes, ses lois, ses moyens matériels de production, le labeur de ses enfants, la vie sociale des peuples, il y a la Machine — que n'ont pas vue nos astronomes...

Il y a la **Machine,** qui porte dans ses flancs, avec les *pressions*, les plus formidables unités à mesurer désormais, depuis son invention, sa propagation dans le monde, ses applications indéfinies, universelles, le *Problème social* lui-même à résoudre, dans cette transformation du travail humain, de toutes nos conditions d'existence, liées à la Machine, devant les droits égaux de tout citoyen à la même justice protectrice de ses biens, de sa vie, que le mètre, mal déterminé dans la nature, viendra encore enténébrer, dans la seule prétendue *« cause inconnue »* des accidents à rapporter à la Machinerie générale; tous effets d'une science imparfaite, comme d'une législation défectueuse, établissant mal les responsabilités.

Il n'y a pas d'effet sans cause. (*Principe de Mécanique.*)

La Machine, sans son unité *naturelle*.

« Tout l'inconnu des lois de la **Force**, dans ses applications industrielles, dans l'art de la *Construction*, dans lesquelles le premier coup de crayon, le premier calcul des Ingénieurs, dans toute conception mécanique réalisée, peut être cause déterminante de tragique catastrophe.

Perte de la vie; fortune atteinte; blessures graves, incapacité de travail qui en résulte.

Pires supplices. Etres chers disparus.

Avenir, bonheur brisés.

Dommages moraux ou physiques irréparables, qui peuvent nous atteindre tous.

Nul de nous d'excepté.

Le peuple particulièrement frappé dans son travail quotidien, qui le fait vivre.

« Le *Chaos social*, avec les doctrines décevantes qu'il nous amène, portant atteinte à la pure et sublime Idée socialiste, ces crimes nouveaux, crimes « sociaux », issu de la Misère, plaie du corps social; la question scientifique seule examinée :

« L'état troublé de nos sociétés industrielles, le sort généralement si précaire, ou même à ce point malheureux du travailleur, n'ayant peut-être pas de source plus effective, « cause *physique* », à rattacher à des effets mécaniques malfaisants, que la perfidie de la mesure en science, avec toute l'imperfection de l'Art de nos grands Ingénieurs, exclusivement « *théoriciens* » ; uniquement gorgés de lourdes et indigestes mathématiques — « qui ne seront précisément chez eux que fatales et meurtrières ».

Nos *prêtres de l'X*, grands *Mandarins* de la République, *pontifes* de l'Idole, du *Mètre-dieu*. Tout-puissants dans le pays.

Tous nos hommes politiques en état d'infériorité vis-à-vis d'eux pour se produire.

Tous nos officiers ; armée de terre ou de mer, indistinctement considérés.

Tous nos ingénieurs, qui ne sortent pas de la même École qu'eux ; la grande pépinière qui les produira tous.

Le privilège de l'*École polytechnique*, des *Ponts et Chaussées*, sans doute, à abolir, dans un retour nécessaire au bien public, à une absolue égalité des citoyens.

A ajouter à tous ces maux :

Toutes les catastrophes financières, découlant de toutes les embûches industrielles, créées à l'ombre de la Machine, où s'engloutira l'épargne publique ; source de fortunes frauduleusement, scandaleusement acquises.

Autre cause de ruine et de mort, de désespoirs, de deuils, de désenchantement de l'existence ; de misères insoupçonnées, — de fins lugubres ou tragiques...

Comme le sont, devant la science, le mètre fatal et l'insuffisance de l'instruction de nos grands Ingénieurs, à qui la *Pratique* de leur art n'est pas imposée, ainsi qu'elle est exigée de tout praticien professionnel :

Tous effets infernaux du **Mal** à régner dans notre état social, prétendu civilisé.

La seule *loi des salaires*, impossible à déterminer dans cette situation troublée du monde moderne.

Ce point seul considéré :

En occurrence d'accident dans la Machinerie générale —

toute autre cause écartée — la perfidie de la mesure établie en science, par hypothèse ; le mètre, mesure « *légale* » imposée à tous ; l'insuffisance de l'instruction de nos grands Ingénieurs « *officiels* », chaque jour démontrée :

« *Qui est responsable ?* »

Nous posons la question devant le Législateur.

. . . .

L'*unité*, base de la science !

Voilà ce que n'ont pas vu, dans leur détermination du mètre, nos astronomes, particulièrement désignés à ce labeur :

Au déclin du siècle qui finissait, à l'aube de celui qui se levait, derrière l'échafaud de la Terreur, dans l'éloignement du passé, devant le *Baromètre* de Toricelli, dressé debout dans la lumière, dans l'azur, « issue du Baromètre » (la Machine existait à l'époque de la Révolution) :

La **Machine** qui, plus que la Révolution elle-même, allait révolutionner le monde.

Le mot « machine » n'est pas prononcé, n'est pas écrit une seule fois, dans l'œuvre de Delambre : *le Système métrique*.

Nos astronomes n'ont rien vu, à considérer le ciel... cherchant leur unité « astronomique »...

C'est plus bas, c'est sur la terre qu'ils mesuraient, dans leur rêve obscur, qu'il fallait voir l'humanité.

CONCLUSION

La question de l'unité de mesure nous paraît à tous résolue avec le mètre, sans qu'aucune preuve nous ait jamais été donnée de sa détermination scientifique rationnelle. Nul cependant ne pouvant l'ignorer :

Rien n'étant acquis définitivement en Physique, en tant que vérité, découverte nouvelle, dans le champ de cette science, « sans la *démonstration expérimentale* — la **preuve** — du bien-fondé de cette découverte ou de cette vérité. »

« Le mètre n'est *rien*, et peut suffire à la science...

« Nos savants s'en contentent...

Plusieurs unités peuvent être en usage concurremment parmi les peuples.

« La pensée d'une mesure unique, *seule* véritable unité naturelle, ne s'est pas encore manifestée parmi les hommes, en aucun temps, dans aucun pays :

« N'a donc pas été découverte par nos savants.

« A moins que la *coudée sacrée* des Égyptiens...

« Mais l'origine de la coudée est inconnue.

« La *Mécanique*, sans son unité naturelle.

« La Mécanique, « science des forces et du mouvement ».

« La **Force** sans son unité naturelle...

« La *Machine*, qui a envahi le monde — sans son unité naturelle...

« La *Physique*, sans son unité.

« Unité *naturelle*, restant ici un pléonasme :

« Le mot φυσις, en grec, voulant dire « Nature ».

« La science tout entière sans son unité naturelle... »

Tel est l'état de la question au moment où nous produisons ce livre.

Nous soumettons avec déférence le résultat de nos travaux à la conscience scientifique de notre temps, à l'opinion publique universelle.

La question de l'unité intéresse tous les peuples.

Chacun de nous en particulier.

Nous payons toujours trop cher notre ignorance.

PHYSIQUE GÉNÉRALE

> « Le nombre est l'allié naturel de la **Vérité** et est incompatible avec l'**Erreur.** »
> (PYTHAGORE.)

> « L'unité en tout est **un**, est **1**; en nombre comme en matière métrologique. »
> *Principe* **d'Arithmétique.**

TABLE DE REGNAULT

Etablie sur le mètre, déterminant cette quantité arithmétique : 1^{kg},033 à la mesure de l' « *atmosphère* », unité des **pressions.**

TENSION ET TEMPÉRATURE CORRESPONDANTES DE LA VAPEUR D'EAU OBTENUE EN VASE CLOS, DE 100° A 230°,9 (*Physique* DE GANOT)

TEMPÉRATURES 1	ATMOS-PHÈRES 2	PRESSIONS 3	PRESSIONS 4	TEMPÉRATURES 1	ATMOS-PHÈRES 2	PRESSIONS 3	PRESSIONS 4
degrés		kilog.	kilog.	degrés		kilog.	kilog.
100	1	1,033	1	198,8	15	15,495	15
120,6	2	2,066	2	201,9	16	15,528	16
133,9	3	3,099	3	204,9	17	17,571	17
144	4	4,132	4	207,7	18	18,594	18
152,2	5	5,165	5	210,4	19	19,627	19
159,2	6	6,198	6	213,6	20	20,660	20
165,3	7	7,231	7	215,5	21	21,693	21
170,8	8	8,264	8	217,9	22	22,726	22
175,8	9	9,297	9	220,8	23	23,759	23
180,3	10	10,330	10	222,5	24	24,791	24
184,5	11	11,363	11	224,5	25	25,825	25
188,4	12	11,396	12	226,8	26	26,658	26
192,1	13	13,429	13	228,9	27	27,691	27
195,5	14	14,462	14	230,9	28	28,924	28

Colonne 3 : irrégularité de tous ces chiffres des *pressions* par rapport aux *atmosphères.*

Colonne 4 : ce que nous devrions obtenir en rationnelle métrologie pour la précision des calculs de la science :

1 atmosphère = 1 kilo ; 2 atmosphères = 2 ; 3 = 3 ; 4 = 4, etc.

HAUTES PRESSIONS

TABLE SE RAPPORTANT AUX HAUTS TRAVAUX DE LA SCIENCE, PARTICULIÈREMENT EN CHIMIE ET HYDRAULIQUE

ATMOSPHÈRES 2	PRESSIONS 3	PRESSIONS 4
	kilogrammes	kilogrammes
100	100 + 3,300	100
200	200 + 6,600	200
500	500 + 16,500	500
1,000	1000 + 33	1,000
2,000	2000 + 66	2,000
3,000	3000 + 99	3,000
5,000	5000 + 165	5,000

(*Même observation que ci-dessus.*)

MESURE DES PRESSIONS EN FRACTIONS ORDINAIRES (HAUTE CHIMIE : DILATATION DES GAZ)

ATMOSPHÈRES 2	PRESSIONS 3	PRESSIONS 4
	kilogrammes	kilogrammes
1/2	0,5165	0,500
1/4	0,25825	0,250
1/8	0,129125	0,125
1/16	0,0645625	0,0625
Etc.	....	.....

Colonne 3 :

A la 1re subdivision de l'unité : 4 *décimales.*

2e — — 5 —

3e — — 6 —

4e — — 7 —

Colonne 4 :

L'unité de poids dans ses subdivisions naturelles.

MESURE DES PRESSIONS EN FRACTIONS DÉCIMALES

ATMOSPHÈRES 2	PRESSIONS 3	PRESSIONS 4
	kilogrammes	kilogrammes
1/10	0,1033	0,100
1/100	0,01033	0,010
1/1000	0,001033	0,001
Etc.	......	.....

FRACTIONS DÉCIMALES

1/10 d'atm. = 0^{kg},1033, au lieu de 0,1 qu'il faudrait arithmétiquement.

Ici : 1/10 d'atm. = 0^{kg},1 ;

1/100 = 0,01 ; etc., d'accord avec l'**Arithmétique.**

La *Table de Regnault*, d'importance capitale en *Physique*, *Chimie*, *Mécanique*, *Pneumatique*, *Hydraulique*, etc., etc. (reliée à la *loi de Mariotte*, *au principe d'Archimède*, etc.) dans la mesure des **pressions**, le calcul des forces ; l'*Eau*, le *Gaz*, la *Vapeur* — *l'Atmosphère* — la *Machine*, considérés dans l'art du Physicien, du Chimiste, de l'Ingénieur.

Fondamentale en *Physique générale*, si la pression de l'atmosphère, précisément, doit nous donner logiquement, « physiquement », notre **kilo.**

(Nous le verrons plus loin.)

Dans l'hypothèse.—

Démonstration *a priori.*

Bien que *l'Attraction*, pour imaginer la **Force** — qu'il faut encore considérer comme l'entendait Newton : c'est-à-dire une « *cause indéterminée* » qui sollicite les corps les uns vers les autres, en raison directe de leur masse, en raison inverse du carré de leur distance, ne soit qu'une hypothèse, dans laquelle l'attraction réelle de la matière pour la matière ne soit pas autrement démontrée[1] (tout restera *hypothèse* sur cet objet suprême, tant que la science n'aura pas dit son dernier mot sur le secret du monde physique; la *manière d'être* de la matière), nous conserverons, conventionnellement, la théorie de Newton, dans notre manière d'entendre la **Pesanteur,** parce qu'elle concorde parfaitement, au point de vue arithmétique, avec la Mécanique céleste, dans l'harmonie de la Gravitation universelle; qu'elle sert encore aujourd'hui de base aux calculs de la science — et qu'enfin elle est connue de tout le monde.

Un livre vient de paraître, d'un puissant auteur[2], qui, sur la formule de Newton, ses chiffres mêmes, ses opérations arithmétiques transcendantes, établit tous les effets de la **Force** dans les *pressions* de l'éther impondérable, sous l'action des sources thermiques sidérales, autrement dit du *calorique* astral...

Voici l'Hypothèse expliquée.

La conception est grandiose.

(Toute considération philosophique écartée de cette discussion.

Tenu en dehors son objet scientifique.)

Nous verrons aussitôt qu'avec l'idée nouvelle, plus encore

1. L'attraction effective de la matière pour la matière, déjà niée par Leibniz lors des premiers travaux de Newton, paraît aujourd'hui de plus en plus rejetée par la science.

« Ce qui est certain, c'est que les corps ne s'attirent pas. » (L'abbé Moigno.)

L'attraction magnétique n'est déjà pas la même que l'attraction proprement dite.

Cependant, sans son explication, l'hypothèse de Newton continue à subsister — « subsistera toujours » dans sa *théorie mathématique* sur les effets de la **Force** à distance.

Et la pesanteur terrestre reste comme une forme de l'attraction astrale — aussi bien que l'attraction moléculaire, la cohésion ou l affinité atomiques, dans l'*énergie* de la matière.

Tout ceci est la **Force.**

Nous ne savons rien de plus.

2. **La Constitution du Monde.**

Dynamique des atomes.

Auteur: Mme Clémence Royer.

qu'avec l'attraction uniquement considérée, nos unités sont véritablement les unités de la **Force**, principe physique du monde; seules véritables unités *naturelles.*

Dans l'un et l'autre cas, l'Atmosphère est *pesante*, de toute façon.

La pression atmosphérique est chose expérimentalement prouvée en Physique.

Le *baromètre*, la *machine pneumatique* nous fournissent cette preuve.

L'unité de *pression*, c'est l'unité de *poids* qui la détermine.

L'*atmosphère* se mesure au kilo.

Le kilo, c'est l'unité de poids.

L'unité de poids c'est l'unité de la *force*...

« Et donc : l'*unité de la* **Force**[1]. »

De quelle manière irons-nous plus loin, dans l'Infini, qu'en considérant la **Force** dans les *pressions* de l'Atmosphère — « l'éther nous étant inaccessible » — si c'est là la vérité en matière de Pesanteur?

« Les *pressions* de l'éther, emplissant l'Infini, *transmissibles* à l'Atmosphère. »

Nous n'irons pas plus loin, en science, dans le principe physique du Monde.

PRINCIPE

1 atmosphère = 1 = *kilo* (le nouveau kilo de la **Force**).

$$1^{\underline{k}},0\underline{33}$$

« *monstruosité métrologique* ».

(*à démontrer.*)

1. Notre kilo, nous déterminant simultanément notre unité linéaire, dans le *pied cube* d'eau distillée équivalent à notre unité de poids.
Nos deux **Unités de la Force** ainsi trouvées.
(Tout ceci exposé plus loin.)

LIVRE II

LES UNITÉS DE LA FORCE

Le mètre sera pris dans la Nature.
(Assemblée nationale.)

I

ΦΥΣΙΣ

Nous nous reporterons, dans la recherche de l'unité de mesure, au lendemain du décret de l'Assemblée nationale :

« *Le mètre sera pris dans la nature.* »

Qu'est-ce que la Nature ?

Nous aurons à l'établir tout d'abord.

Le mot φυσις, en grec, signifie *Nature*.

La Physique, si nous voulons nous en tenir à l'étymologie du terme, serait donc la science naturelle universelle.

C'est ainsi que nous l'entendrons.

Il ne s'agit pas en effet, ici, de méthode pédagogique rationnelle et générale d'enseignement à trouver.

Il s'agit de résumer l'infinie synthèse de la science dans un mot qui lui est propre.

Ce mot est « *Physique* », tiré du grec, φυσις, qui veut dire « *Nature* ».

La science physique renferme tout en soi : l'ensemble de la science.

Et il en est effectivement ainsi dans son fractionnement méthodique, qu'on peut faire varier à l'infini, sans altérer cette vérité.

C'est dans la Physique ainsi comprise que nous allons rechercher notre unité naturelle.

Et donc : notre unité «*physique*».

Dans notre pensée, l'unité naturelle que, de tous temps, les savants ont recherchée ou prétendu déterminer dans la nature — d'une manière qui va donc se trouver appréciée, jugée ici, — devant être l'unité même de la science; « commune à toutes les sciences ».

Qu'est-ce que la Nature?

Dans le Cosmos, c'est la pluralité des astres qui gravitent dans l'infini de l'Espace...

C'est l'Univers.

Sur la terre, c'est tout ce qui vit à sa surface, ou dans ses abimes, pénétrés par l'Atmosphère.

Sans l'Atmosphère, notre planète roulerait comme un « astre *mort* » dans le noir glacé de l'Infini :

Tous les phénomènes calorifiques ou lumineux à rapporter à l'Atmosphère.

La Nature, c'est donc la **Vie**, sur notre globe — chez l'homme, animaux ou plantes.

La Nature, c'est donc l'Atmosphère qui la crée — avec une cause à la Vie qui nous échappe dans le secret du monde physique...

L'Atmosphère *pesante* — « et voici l'Atmosphère reliée au principe de l'harmonie des mondes, de la Gravitation universelle des corps célestes : « l'**Attraction** » — avec une « *cause première* » à leur impulsion, issue du **Chaos**, mystère de l'Infini et de l'Éternité.

Nous n'irons pas plus loin en science, dans l'Infini et dans le Temps, qu'en considérant l'Atmosphère *pesante*, en raison de l'attraction terrestre, forme sur notre globe de l'Attraction universelle.

Cette attraction, que nous la considérions effective, astrale ou terrestre, attraction moléculaire ou cohésion atomique, n'a qu'un nom :

Elle se nomme la **Force.**

Et que vous considériez la *Pesanteur* dans les pressions de l'éther, issues du calorique astral, son nom ne change pas :

Cette « *cause inconnue* », principe physique suprême du monde, se nomme la **Force**, et n'a pas un autre nom à la désigner.

Tout, dans la Nature, étant **Force** et **Matière.**

Selon toutes les conjectures de la science : **une** seule *force*, **une** seule *matière*.

Tout étant **Matière** et **Mouvement.**

Et donc, à considérer en première, dans la recherche de l'unité :

La *Mécanique physique*, qui comprend aussi bien la Mécanique céleste que la Mécanique pure, que la Mécanique appliquée,

Tout l'*Art* redoutable de l'ingénieur.

L'unité que nous avons à déterminer est l'unité de la *force*.

C'est « l'unité du *poids* ».

L'unité de poids c'est le **kilo.**

Nous voyons déjà combien se sont éloignés de la solution nos astronomes, en recherchant l'unité naturelle sur le méridien.

Combien s'en rapprochaient, au contraire, des savants, tel qu'Huyghens, participant en ceci de Galilée, en la déterminant sur le pendule.

Mais le pendule encore, choisi comme unité linéaire, s'éloigne fort de la solution.

Examinons nos unités :

Le mètre.

La sphéricité de notre globe est sans doute un effet de la pesanteur.

Mais la mesure de la terre n'a aucun rapport avec l'unité naturelle, sinon qu'on peut employer celle-ci à mesurer la terre, mais non pas mesurer la terre pour trouver l'unité naturelle.

Et comment déterminée, celle-ci, en l'occurrence :

En divisant forcément le méridien en un nombre arbitraire de parties (il ne peut être autre) et déclarant ensuite que cela constituait l'unité cherchée.

C'était enfantin.

C'était une erreur.

Or toutes les erreurs se paient, en science.

Le mètre, qui n'est rien, quand il serait exactement mesuré sur le méridien, dans l'hypothèse de telle mensuration possible, opérée, reste une « unité *dangereuse, fatale* », parce qu'il n'est rien précisément.

Le mètre, nous l'avons dit, est une unité *astronomique* créée pour leur usage par nos astronomes.

« L'*Astronomie* n'est pas toute la science.

« La mesure du méridien n'est pas la *Nature.* »

Voyons le *pendule.*

Le pendule mesure le temps.

Il ne mesure pas la **Force,** la Pesanteur.

Et la preuve, « *c'est qu'on en a fait... les* Pendules ».

C'est que, sur le principe du pendule on a créé les « *Horloges* ».

Galilée, Huyghens.

Et cette démonstration pourrait suffire.

Mais Huyghens a déterminé une unité linéaire dans le pendule, — le *pied* issu du pendule, avec le mètre, mesure seconde, fort répandue, en usage chez de grands peuples.

Voyons comment Huyghens s'est trompé ici.

Vous dites : telle longueur donnée au pendule, celui-ci battra la seconde sous telle latitude.

C'est tout. Rien de plus.

C'est tout le pendule, en effet.

« *C'est la mesure du temps.* »

Mais qu'est-ce que cette division du temps, arbitraire à son tour, vient faire dans la recherche et prétendue détermination de l'unité de mesure?

Rien.

Elle ne saurait intervenir.

La réponse est la même que ci-dessus :

La longueur du pendule qui bat la seconde — qui bat l'intervalle de temps qu'on voudra, reste une longueur quelconque.

« Ce n'est pas davantage l'unité *linéaire* naturelle. »

Autre démonstration que le pendule ne mesure pas la *force :*

Doublez la masse du grave, en conservant la longueur du pendule : même durée isochrone des oscillations.

Même chute dans le vide, quelle que soit la masse d'un corps[1].

Et de cette dernière démonstration nous tirerons cette conséquence corollaire :

Les unités dites *absolues* (unités scientifiques spéciales) déterminées à la fois sur le mètre, qui n'est pas l'unité linéaire naturelle véritable, et dans la chute des corps, l'accélération de vitesse, restent comme le mètre et le pendule, le résultat de solutions métrologiques erronées.

Les unités absolues, comme le mètre :

Unités *dangereuses*, perfides à la science.

Quant à la détermination de l'unité de pression, en unités absolues : *pression atmosphérique* = kilo[2] en conservant le

1. Son *poids :* la somme des actions de la pesanteur agissant sur ce corps, en direction comme force, théoriquement, vers le centre de la terre.

Constituant la *verticale* terrestre, absolument variable d'un point à un autre, sur la même latitude.

Le *pendule*, dès lors, impossible à déterminer, comme quantité linéaire parfaite, en rationnelle Métrologie.

2. On néglige encore ici, dans cette égalité, $0^{kr},019$, qu'on reprendra dans la détermination de la *dyne*, unité de *force*.

La *mégadyne :* $1^{kr},019$, d'accord avec la pression atmosphérique.

Nous verrons, dans les travaux récents des physiciens, qu'on cherchera de même à faire accorder l'*erg*, unité de *travail*, avec l'unité de pression.

Alors on fera nettement *pression atm. = kilo*, déjà acquis à cette dernière unité, en supprimant $0^{kr},019$ dans son rapport avec la détermination de la *dyne*.

L'*erg*, plus petit que la dyne.

En quantité arithmétique, moindre que l'unité...

La *dyne*, plus grande que l'unité.

La Force est pleine d'accommodements avec nos savants.

kilo invariable, qui ne mesurerait effectivement la pression atmosphérique qu'à l'*unité de poids* nouvelle — qu'on ne songe pas à découvrir, en posant uniquement le problème, sans le résoudre, le croyant par là déterminé :

Pression atm. = 1 kilo, au lieu de 1^{kg},033 *grammes* : Ce fut bien une autre « erreur » de la part des auteurs de cette prétendue réforme!

Pression atm. = **kilo,** principe de notre découverte, est tellement la vérité en science, que cette rencontre (dans l'expression, seulement, de cette vérité) était fatale chez ceux qui ont établi cette égalité, sans résoudre le problème; uniquement ainsi posé; rien autre.

C'est le fait même, en soi.

Ils devaient y arriver.

Pression atmosphérique = *kilo* : « **Vérité physique** » indiscutable — sans plus de démonstration même.

La vérité portant en soi son éblouissante lumière :

« Mais le *Problème* reste tout à résoudre. »

« Le kilo de la **Force** à *découvrir*. »

Sait-on à quoi correspond, comme pression atmosphérique, l'égalité *pression atm.* = kilo, avec le mètre, avec le *kilo* actuels ?

Le calcul est bien simple :

$$\frac{10^m,33}{10^m} = \frac{760}{x} \qquad x = 735^{mm},72 \text{ de mercure...}$$

« *Tempêtes, ouragans dévastateurs...* »

Telles seraient les indications météorologiques à cette pression atmosphérique minima — comme ses effets physiques réels.

Et ceci serait bien l'image de notre société, dans son état troublé, qui n'a peut-être pas de source plus effective que la perfidie de nos mesures dans la prétendue « *cause inconnue* » des accidents industriels, de nos grandes catastrophes publiques, si telles monstruosités métrologiques n'étaient pas corrigées, malgré tout, dans des conventions arithmétiques, rapportées aux mesures, qui en atténuent du moins l'excès.

Pression atm. = kilo, pour nos savants, signifie la pression atmosphérique égale à 750 millimètres de mercure = 1^{kg},019.

A la bonne heure! Nous respirons!

L'erreur est encore grossière.

Mais les auteurs de cette « réforme » n'ont pas réfléchi que pression atm. = kilo, en conservant l'unité actuelle, le mètre, cela signifie, cela correspond à une hauteur barométrique d'eau de 10 *mètres* exactement — et non pas 10^{m},19.

Et donc, 735^{mm},72 de mercure.

Ce qui diminue — dans l'hypothèse de la réalité du fait — la pression atmosphérique effective...

Ce qui comporte diminution de la **Force**, de la *Pesanteur*...

$$760^{mm} = 1 = \textit{Pesanteur},$$

mais non pas : 735,72.

Pour que pression atm. = kilo enfin, avec le mètre, il faudrait que la **Pesanteur**, que la **Force** fût ramenée de 1 à :

$$\frac{735,72}{760} = 0,968.$$

C'est le rapport.

« La **Force** *indestructible* et *immuable*. »

Voilà pour les unités absolues.

Résumons-nous :

Le *mètre* ne mesure pas la **Force**.

Le *pendule* ne mesure pas la **Force**.

Les unités *absolues* déterminées dans le mètre et dans l'accélération de vitesse ne mesurent pas la **Force**.

Pression atm. = 1 kilo, en unités *absolues*, est une monstruosité métrologique plus grande encore que celle créée par le mètre, en unités simples uniquement considérées : *pression atm.* = 1^{kg},033.

« Le *Baromètre*, seul, mesure la **Force.** »

ERREMENTS REDOUTABLES

A 175 MÈTRES D'ALTITUDE

Pour s'expliquer ce que les auteurs de cette unité ont voulu faire, en arrêtant *pression atm.* = kilo, il n'y a qu'à nous reporter à leur dire même :

« *C'est la pression atmosphérique considérée à Vienne, dans le Dauphiné.* »

Ajoutons, dans les montagnes ; et non plus au niveau de la mer, qui seul donne les dimensions de notre sphéroïde ; la hauteur de la couche atmosphérique partant de là.

A telle attitude : 175 mètres...

« *C'est donc, pour nos novateurs, toute la masse atmosphérique qui s'étend sur le globe, jusqu'à cette altitude*, négligée... comptée pour zéro ; n'existant pas... »

Le reste de l'Atmosphère, ramené au niveau de la mer...

On reconnaîtra que si la science emploie tels moyens de détermination de nos mesures, ce n'est plus la science.

L'Atmosphère ainsi considérée, nous l'avons dit, n'a plus qu'une pression « *moyenne* » de 735^{mm},72 de mercure — et non pas de 760 *millimètres*, comme se l'imaginent ces savants.

La **Force** elle-même, de 1, ramenée à 0,968, dans la conception de telle mesure.

750 millimètres indiquant effectivement la pression à cette altitude — « *la pression* moyenne *restant* à 76 centimètres ».

Mais, si vous faites *pression atm.* = kilo, à la pression moyenne correspondant à votre unité invariable, c'est la hauteur barométrique d'eau moyenne réduite à 10 mètres — la Force diminuée, nous l'avons démontré.

Une simple proportion à établir, à effectuer.

C'est tout ce qu'on a pu faire de plus monstrueux en science — en *Science physique* essentielle, en plus de la monstruosité métrologique.

Ce qui accroît encore, telle erreur ainsi nettement exposée sous son vrai jour, son énormité.

Notons que la science continue sa détermination d'unités absolues, dans tous ses calculs de la force, sur 750 millimètres de mercure, avec un souci, dans la précision recherchée, digne d'une meilleure cause.

Pression. atm. = 1^{kg},033 ne s'accordant en aucune façon avec le kilo de 1.000 grammes, on fait déjà *pression atm.* = 1^{kg},019 = **kilo**...

On fera *pression atm.* = kilo, dans son rapport avec la détermination de la *dyne*, comme avec l'*erg*, en diminuant l'une et en augmentant l'autre, *ad libitum*.

Après l'avoir considérée à Vienne, on la prendra demain sur le Mont-Blanc.

Après-demain sur les sommets de l'Himalaya.

On ira la déterminer en ballon.

Finalement on l'établira, considérant les limites extrêmes de l'atmosphère, dans son point de contact avec l'éther céleste ; et on l'arrêtera ainsi enfin :

Pression atm. = 0

Tous les calculs en seront simplifiés.

Ce sera le triomphe, la victoire définitive de la science.

En attendant, ceci seulement : pression *atm.* = kilo, pour $1^{kg},033$, dans les calculs de la Force :

Ce sera ce que nous avons dit :

« Une **monstruosité métrologique** sans nom. »

Ne nous plaignons pas.

Plus nos savants s'égareront sur cet objet (un terme plus vif conviendrait mieux à leur fantaisiste labeur ; encore œuvre de ténèbres) plus nous approchons du jour où cette vérité sera enfin reconnue par tous :

« ***Pression atmosphérique* = *KILO* = 1** ».

Mais le *kilo*, en ce cas, « notre **kilo** », dans les **unités de la Force ;** sensiblement supérieur au kilo actuel.

Et non pas : *pression atm.* = 1 *kilo*, « pour $1^{kg},033$ » — ce que décident nos savants, diminuant à leur gré, dans leurs calculs, la **Force**, la **Pesanteur.**

C'est monstrueux.

C'est indigne de la science.

Ce n'est plus la science.

C'est l'**Erreur** aveugle et meurtrière.

II

« DANS LA NATURE »

LA PESANTEUR

LA PESANTEUR DE L'AIR. LE BAROMÈTRE

« L'idée grande et simple », nous apprennent nos encyclopédistes, « d'une mesure universelle invariable, prise dans la Nature » (nous avons dit déjà ce qu'il fallait penser de cette inaltérabilité de l'unité ; comment nos astronomes s'étaient trompés à ce sujet, en considérant le mètre) « remonte à la seconde moitié du XVIIe siècle[1] ».

Tenons-nous en au dire de nos encyclopédistes.

Ce que ces savants ne disent pas, tout en observant qu'Huyghens, dès 1674, attaché à cette recherche, tirait son unité du pendule — de manière erronée, nous l'avons démontré — ce qu'il faut observer ici, ce qui ne peut être négligé en l'occurrence, c'est que cette pensée, ravivée de la tradition égyptienne, ensuite de tous les travaux en sciences physiques, particulièrement en astronomie transcendante, précédant celle-ci — Copernic et Képler à citer en première ligne parmi les novateurs — se fit jour définitivement chez les savants, obscure jusque-là dans leur esprit, le lendemain, pour ainsi dire, de la découverte des lois de la *Pesanteur* par Galilée ; bientôt perfectionnées par Newton, en opérant, celui-ci, sur la chute des corps, dans le vide ; alors que

1. Il faudrait faire remonter beaucoup plus loin, à qui elle revient, aux *Égyptiens*, cette idée vieille... comme l'Égypte.

Galilée procédait dans cette recherche sur les corps tombants, au moyen d'un plan incliné.

« Dans le vide », avons-nous dit.

La découverte du *baromètre* se rapporte à ces époques fameuses de la science.

Ces quelques lignes consacrées à rappeler sommairement ces immortelles découvertes ne seront pas de trop ici.

La *Pesanteur*, l'*Attraction*, — la **Force**, principe du monde physique sur lequel nous allons établir nos unités naturelles.

Galilée, le premier, observe le mouvement isochrone d'une lampe qui se balance suspendue à la voûte de la cathédrale de Pise.

Les *lois* du pendule étaient trouvées.

C'est-à-dire celles de la Pesanteur même dans la chute des corps.

« Le seul balancement du pendule, d'autre part, suffisant à prouver le mouvement de la terre. »

E pur si muove!

Les horloges étaient inventées par Galilée.

Perfectionnées par Huyghens.

Inventions des montres, chronomètres, etc., tous instruments de précision du même ordre, qui devaient suivre.

La mesure mathématique du temps — en quoi le *pendule* est découverte de génie — acquise aux hommes, à la Science, qui ne sauraient s'en passer en science mécanique.

La *Machine*, à l'horizon, qui va changer la face du monde...

Le temps, un des facteurs du *travail* des forces dans les machines.

Le duc de Toscane élève des jardins suspendus.

Les fontainiers de Florence, qu'il occupe, l'informent un jour que l'eau ne veut plus monter dans les tuyaux d'aspiration des pompes...

Le niveau est là, immobile, sous le piston; visible, en

enlevant celui-ci, pour essayer, chacun, de se rendre compte de ce qui se passe ; la colonne liquide soutenue par le *clapet de pied*.

Le duc s'enquiert auprès de Galilée des causes du phénomène.

La théorie de l' « *horreur du vide* » subsistait alors en science, depuis Aristote — et probablement avant lui...

Galilée, à tout hasard, pour donner une raison à des gens qui ne sont pas des savants, déclare que vraisemblablement la nature n'a horreur du vide que jusqu'à cette hauteur.

Il baptise celle-ci du nom significatif de « *altezza limitatissima* », déclarant aussitôt — ce qui montre toute l'ampleur et la soudaineté de perception de son génie ; ce qui était un correctif absolu à l'absolu de la théorie d'Aristote — que si, au lieu de l'eau, on pompait un liquide plus dense, la hauteur du niveau dans la pompe ne serait plus qu'en raison inverse de sa densité.

Ce qui inspire du même coup Torricelli dans ses expériences, qui devaient amener ce disciple et émule du maître à la découverte du baromètre.

Voilà toute l'histoire de l'invention de Torricelli !

Car le Baromètre — comme le pendule — reste *découverte* et *invention* simultanées.

Maintenant, nous voudrions bien dire un mot de l'œuvre de Galilée et de Torricelli, à propos du baromètre si mal connu de nous.

Nous lisons dans l'*Annuaire* (*Annuaire du Bureau des Longitudes*) sous la signature de...

Nous ne dirons pas le nom.

Ceci n'est point un livre d'attaques personnelles contre qui que ce soit ; sinon contre Delambre — qui est mort...

Mais, c'est vrai :

« Il est des morts qu'il faut qu'on tue. »

Un astronome, s'élevant contre Galilée, pour louer Pascal ; négligeant Torricelli...

Ce qui fut bien lourd de maladresse et de jugement.

Nous lisons dans l'*Annuaire* à l'occasion d' « *Une excursion au Puy-de-Dôme* » ; l'auteur rappelant le fait des fontainiers de Florence, dans le récit des expériences de Perrier, beau-frère de Pascal.

« Ils soumirent le cas à Galilée.

« Mais Galilée, si détaché qu'il fût sur certains points des doctrines d'Aristote, fit preuve d'une soumission parfaite sur celui-là.

« Il répondit qu'apparemment la Nature n'avait horreur du vide que jusqu'à concurrence d'une hauteur de trente-deux pieds.

« *Ce n'était pas une plaisanterie*, il donna à cette hauteur le nom scientifique de *altezza limitatissima*. Son disciple Torricelli eut l'idée de pomper un autre liquide que l'eau, du vif argent, et vit avec étonnement que l'horreur de la nature pour le vide n'allait pas alors à plus de deux pieds et demi.

« C'est de lui que date le baromètre. »

Et c'est ainsi qu'on écrit l'Histoire et qu'on juge les grands hommes...

. . . .

« *Ce n'est pas une plaisanterie...* » en parlant d'un génie comme Galilée !...

Nous avons relaté l'observation soudaine de Galilée dans l'hypothèse de l'emploi d'un liquide plus dense que l'eau :

C'est toute la *pression atmosphérique* mesurée dans l'expérience ainsi conduite — à découvrir, de la part de celui qui s'y livrera :

Torricelli — qui découvre le baromètre par la suite.

Torricelli, d'autre part, n'est donc nullement surpris que le vif argent s'élève treize fois moins dans le tube (en chiffres ronds) en renouvelant l'expérience sur le mercure au lieu d'employer l'eau :

« C'est Galilée qui lui a indiqué l'expérience à faire. »

Que ressort-il de tout ceci?

Trop de choses, hélas!

Nous ne pouvons pas, tout d'abord, laisser contester le génie de Galilée, même par M. X... ou M. Y...

Le grand homme, immortel, passé ainsi sous jambe, par le premier astronome venu.

Galilée, peut-être déjà, astronome d'une autre valeur...

Il ressort ceci, ensuite :

Premièrement, que M. X... n'a rien compris à l'invention géniale du baromètre.

Et : « *C'est de lui que date le baromètre* », sous sa plume, nous le prouve suffisamment.

Pas plus que le génie, à donner le nom qui lui convient à une hauteur naturelle — « la seule qui existe *dans la Nature...* » — pour la première fois observée en science, ne pourra être ainsi traité, avec ce mépris :

C'est vraiment trop peu ici, en vérité, que ces quelques mots, lancés avec cette désinvolture, et comme s'il s'agissait d'un insignifiant objet, pour relater la découverte du plus formidable instrument « *naturel* » de science, après l'*unité naturelle* — si les hommes ont un jour celle-ci entre les mains, grâce à l'œuvre entière des Novateurs en science physique :

Grâce à Torricelli comme à Galilée, en premiers; comme grâce à Newton et à Huyghens, ensuite.

Et *tutti quanti* — depuis Osiris...

Son dernier auteur — si celui qui écrit ces lignes est celui-là — comptant bien peu dans le nombre — ne comptant pour rien auprès de tels titans de la science.

Le dernier parmi les derniers auteurs des unités naturelles — qui sont donc légions.

Tous, indistinctement, ayant aidé à sa découverte — qui ne fut finalement basée, chez lui, que sur une simple observation en Métrologie, résultant des travaux imparfaits des déterminateurs du mètre :

« Telle quantité : 1k,033 qui ne doit pas — **qui ne peut pas** exister en science ! »

Il n'y avait pas là, de trait de génie à accomplir.

Il n'y en avait plus, sur cet objet, depuis Torricelli et Galilée :

La découverte des unités de la **Force** était désormais « mathématiquement fatale » dans le Temps, dans l'avenir...

Autres exemples de notre ignorance décevante sur tels sujets, d'importance capitale, scientifiquement, philosophiquement, autant que socialement considérés.

Dans un « beau » livre illustré sur l'*Atmosphère* (ne nommons pas davantage son auteur ; astronome encore, sans doute) un « Torricelli inventant le baromètre ».

Sur une belle image, Torricelli est représenté, son tube barométrique à la main, avec l'air tranquille d'un bon Hollandais en robe de chambre, qui... tremperait, dans cette récréation toute juvénile, comme un... porte-plume dans une cuvette.

Ce devrait être, une tulipe avec sa longue tige...

Ce n'est pas le baromètre.

Torricelli nous offrirait un autre tableau, un autre spectacle.

Quelque chose, vraisemblablement, comme une vision dantesque :

« Le génie en proie au délire, à la conquête de l'*Inconnu*, de l'*Infini*. »

Le livre, ailleurs, ne touchant pas un mot de l'œuvre féconde du grand savant italien :

Tout le progrès moderne sorti du baromètre.

Une Encyclopédie du XIXe siècle, au nom de Torricelli, ne mentionne pas sa découverte...

Nous ne savons pas ce que c'est que le baromètre.

« *Torricelli inventant le baromètre.* »

Le baromètre n'est pas inventé parce que Torricelli, sur l'indication de Galilée, a pompé du mercure dans son expérience.

Promener avec soi, en l'occurrence, un tel objet, se servir comme instrument de physique (qui n'est pas encore tel, puisque celui-là n'est pas inventé) d'un « appareil de démonstration », consistant uniquement en une seringue munie d'un long tube d'aspiration, « dans lequel le vide parfait n'est pas possible » ; où l'air pénètre lentement, mais sûrement, quelque précaution que vous preniez, ne peut être — ce n'est pas là un appareil pratique.

Le baromètre n'est pas inventé.

Ce n'est même pas un appareil pouvant servir à quoi que ce soit d'utile à la science, ou à ses applications en sciences d'observation.

Ce n'est pas avec cet appareil qu'on fera les nivellements à grandes distances du globe — ou de moindre difficulté, dans les grands travaux publics.

Ce n'est pas avec cet appareil qu'on sauvera chaque année des milliers d'existences aux naufrages ; les mineurs au grisou, quand on voudra.

Et si un homme de génie, comme Pascal ou Descartes, a un jour l'idée de dépressions atmosphériques — « ce qui ne fut vraisemblablement jamais soupçonné avant l'invention du baromètre » — celui-là encore ne pourra jamais faire ses observations avec exactitude, n'ayant à sa disposition que cet appareil grossier, qu'on imagine aisément :

La tige du piston de la petite pompe à mercure maintenue fixe, en son degré de soulèvement voulu, au moyen d'un lien quelconque, sur son point d'appui.

Il faut pour cela un appareil parfait.

Et nous savons encore — on ne l'ignore pas au *Bureau Central Météorologique* — toutes les précautions que telles observations comportent et quels appareils perfectionnés elles exigent.

Ce n'est pas sur cet appareil que s'établira la grande science météorologique, inspirant l'Agriculture, qui sauvera un jour l'humanité des disettes et des famines, comptant, chaque année, leurs victimes par millions d'êtres humains, dans la seule observation des effets de la **Force** rapportés à cet appareil.

Il faut un instrument de physique parfait :

« Le *baromètre*, œuvre de génie. »

Le trait de génie de Torricelli consiste donc à avoir conçu le remplissage d'un tube, de longueur appropriée à son objet, fermé à l'une de ses extrémités, et son renversement, hermétiquement clos, plein de mercure, dans une cuvette du même métal fluide.

(Ce qui échappe à nos astronomes — et à tant de gens!... A nous tous, bientôt, hélas !)

Alors Torricelli obtient en haut de son tube, sa « chambre barométrique », *complètement vide d'air atmosphérique*.

Voilà l'appareil parfait, inventé par Torricelli.

Et Torricelli inventant le baromètre, sous le coup de son inspiration, de sa suprême découverte, dont il entrevoit aussitôt toutes les conséquences en science, éprouve, durant un instant, toute l'angoisse sacrée, que celui-là seul, que le vautour a mordu sous le crâne, peut connaître — dans une attitude tragique, que la plume seule du Dante, précisément, d'un Gœthe ou d'un Hugo, pourrait rendre :

Immobile, glacé, effrayant, béant, beau d'horreur...

Jusqu'au moment qui le suit où, triomphant, il nous représente le Génie domptant la Chimère, déchirant le voile du Mystère :

« Arrachant son secret à la Nature. »

Voilà Torricelli dans la découverte du baromètre.

Que s'est-il donc passé en lui.

Rien — que ceci.

Torricelli vient de renverser son tube plein de mercure dans la cuvette :

Il doute d'abord que le mercure descende dans le tube.

« Il y a toute l'*horreur du vide* à obscurcir son esprit. »

La pesanteur de l'air n'est pas encore effectivement prouvée :

Si la Nature a horreur du vide, « le mercure restera en haut du tube ».

Sa pompe, sa seringue d'expérience, n'est pas le baromètre — qui n'est pas encore inventé, dont le nom n'existe même pas.

L'air y pénètre.

« Si l'horreur du vide existe, le mercure ne descendra pas. »

Le mercure descend...

Premier éclair dans les yeux de l'inventeur, qui tient son tube à la main.

Première secousse à ses nerfs — tel un coup de foudre...

Et dans son trouble, Torricelli doute maintenant que le mercure s'arrête au niveau indiqué par Galilée.

Doute de Galilée.

De lui-même.

De ses propres calculs; une simple règle de trois à opérer :

Le mercure, 13 fois plus lourd que l'eau, le niveau dans le tube, 13 fois plus bas que dans les tuyaux des pompes.

Doute de ses propres expériences, à lui Torricelli, avec ses appareils :

Le tube fermé par le bout n'est pas sa petite pompe, sa seringue au long col d'aspiration.

L'air, l'éther, doivent jouer un rôle dans le phénomène, imparfaitement produit.

« Il ne sait pas » — et redoute tout : la chute de son rêve...

Il ne sait plus rien que ceci :

Son génie affirmé, si le mercure s'arrête au point voulu.

Une découverte première en science — Newton n'a pas encore produit l'Attraction — qui reste bien sienne, malgré ses prémices.

Et le mercure s'arrêtera là :

A moins que la Pesanteur ait cessé d'exister; la **Force**, d'être...

« Torricelli doute... »

Et pour justifier cet état d'esprit chez Torricelli, cette simple observation :

Cet effet mécanique physiologique de doute contre la certitude même des faits, nous l'éprouvons tous, avant de reproduire nous-mêmes une expérience, particulièrement en Physique, que nous aurons vu exécuter par d'autres.

Enfant, nous battrons des mains, quand, pour la première fois, nous arriverons à amorcer un siphon :

« Nous doutions que l'eau coulât; qu'il ne marchât point. »

Ceci donc, cette observation, fondée en Physiologie.

Alors ici :

« Toutes les pensées du génie en proie à un tel doute ;

« *L'expérience que produit Torricelli, n'ayant jamais été imaginée avant lui.* »

Voilà le moment qu'aurait choisi un artiste inspiré par un *physicien*, digne de ce nom, pour représenter Torricelli inventant le baromètre.

Parfait diptyque, avec Newton découvrant l'Attraction, manquant de tomber, terrassé, foudroyé ; la flamme de son esprit vacillante en lui ; pensant devenir fou ; tendant la plume à son secrétaire, qui accourt, effrayé; lui demandant, d'un geste mourant, d'achever le calcul qu'il est impuissant à terminer.

Telle œuvre à réaliser, de la part d'un véritable artiste — pour la gloire de l'Art et de la Science :

Tout le progrès moderne, le Monde nouveau, sorti du *baromètre* — dans la Machine, dont la découverte est la conséquence de l'invention de Torricelli.

L'admirable Météorologie.

Voilà ce que nul de nous ne doit plus ignorer.

Le *baromètre*, objet divin, découvert dans la sublime **Nature**.

Inclinons-nous bien bas, pleins de reconnaissance, devant son inventeur : *Torricelli*.

Galilée!...

Haut, bien haut, plus haut encore dans sa gloire rayonnante, l'immortel grand homme qui, le premier, a effectivement prouvé parmi nous le mouvement de la terre — et aidé à ce point à la découverte du baromètre; chargé d'ans, aveugle, sur le bord de la tombe...

Un jour persécuté pour la Science!...

. . . .

Il reste « *altezza limitatissima* », nous nous chargeons de démontrer à M. X..., que, là encore, Galilée avait raison.

III

LE BAROMÈTRE

L'ŒUVRE QUI EN EST SORTIE

Pour bien comprendre la grandeur de la découverte de Torricelli, il faut se reporter en arrière de l'époque qui la vit éclore, envisager le passé avec cette conception de l'atmosphère dans l'esprit des hommes, rapportée à la seule théorie de « *l'horreur du vide* ».

Nous n'allons pas faire ici l'historique de la question, en remontant jusqu'aux Anciens, dans l'ignorance des premiers âges de l'humanité sur le moindre phénomène physique.

Dès la plus haute antiquité, l'Atmosphère, où se manifeste la *Vie*, objet de toutes les spéculations des philosophes, avant tous physiciens.

Dans l'étude de la Nature, l'Atmosphère, de tout temps, premier champ d'investigations de la science.

Et comme jusqu'à Torricelli, qui nous a révélé l'existence de l'océan aérien, absolument limité, s'étendant au-dessus de l'océan des mers, enveloppant notre sphéroïde comme une gaine gazeuse que nous pouvons depuis lors effectivement concevoir, comme dans la science, y rapporter tous les phénomènes naturels, nul ne sachant rien de l'étendue seule de l'Atmosphère au-delà du globe terrestre, rien de sa pesanteur seulement soupçonnée, mais en aucune façon démontrée (la science égyptienne comme naufragée dans les événements du passé) toutes les théories scientifiques les plus aveugles, à son propos, se perpétuaient parmi les peuples.

Nous avons montré la découverte de Torricelli donnant naissance à la *Météorologie* scientifique que les Anciens n'ont pas connue.

Ce furent toutes les sciences physiques indistinctement subitement éclairées par l'admirable découverte du grand inventeur italien : *Physique* proprement dite, *Pneumatique*, *Chimie*, *Histoire naturelle*, *Médecine*, etc., etc.

Nous n'avons pas nommé la *Philosophie* :

Cela va de soi que, la première, elle participa à ce progrès des sciences.

Nous n'avons pas cité la *Mécanique*, et pour cause :

La machine n'existait pas avant l'invention du Baromètre.

Nous entendons la « *machine motrice* » utilisant la *force*.

Jusqu'à Torricelli, toutes les recherches des inventeurs en machines furent vaines.

Pourquoi ? parce qu'ils ignoraient les conditions physiques du milieu atmosphérique dans lequel devaient fonctionner leurs appareils.

Un fait historique servira à le démontrer.

Une « invention » du temps.

En 1650, en Angleterre, où devaient naître les premières machines atmosphériques, d'où sortira la machine de Watt, sept ans après la découverte du Baromètre de Torricelli — ce qui démontre en même temps tout le mérite de Pascal à produire ses propres expériences, comme celui d'Otto de Guerricke, avec ses *hémisphères* — cité encore de nos jours par de vraiment scrupuleux historiographes :

Wilkins, beau-frère de Cromwell :

« *Jet de vapeur sur les palettes d'un tourne-broche...* »
Aura du moins démontré, ce monsieur, qui a tenu à être nommé comme inventeur, toute l'inanité d'un pareil moyen d'utilisation de la vapeur.

N'est pas arrivé, certainement, à faire rôtir convenablement un poulet, son talent de mécanicien mis à la disposition du cuisinier.

Cromwell prié à dîner, nous admettons, un jour d'expérience, en présence de hauts convives, le Protecteur, qui n'était déjà pas beau, a dû faire une bien vilaine grimace :

A cause du tourne-broche mécanique, « *invention* de la famille » — non du poulet, qu'il eût indifféremment avalé tout cru, ou carbonisé, pour se préserver de tant de « gloire ».

Sa gloire propre pouvant parfaitement lui suffire.

Charles Ier en est resté bien vengé.

Voilà où nous en étions, en 1650, des travaux des chercheurs.

Il est absolument superflu de citer d'autres exemples ; de donner d'autres noms :

L'histoire de l'invention de la machine a été faite cent fois.

Ce que nous devons retenir ici ; c'est qu'après tous les essais infructueux des inventeurs sur l'utilisation par l'homme des forces naturelles, du vide atmosphérique, par des moyens aussitôt abandonnés que conçus, de la part de leurs auteurs, des pressions résultant de la déflagration de la poudre en vase clos, etc., dès que la découverte de Torricelli se fut répandue dans le monde, éclairées par la science nouvelle, ces recherches aussitôt aboutirent :

Les premières machines rationnelles, nous l'avons dit, nous le savons tous :

Machines *atmosphériques*, dans lesquelles le vide était obtenu au moyen de la condensation de la vapeur sous le piston, dans le cylindre.

Un siècle après la découverte du Baromètre, sur les

machines atmosphériques, James Watt, admirable ouvrier, sublime révolutionnaire en ceci, créa, inventa de toutes pièces la machine à vapeur.

Alors, toutes les machines nouvelles, issues, inspirées de la machine de Watt ; machines à haute pression et à grande vitesse ; puissant outillage, etc.

Tout le progrès moderne qui en découle — ce que nous ne devons pas ignorer.

Tout ce progrès ; la machine de Watt, les machines atmosphériques, la locomotive, etc., etc., issu de l'invention de Torricelli.

Jusque, dans nos dernières découvertes, les derniers progrès de la science, *l'Electricité dynamique* qui, sans la Machine, « ne sortait pas du laboratoire ».

Jusqu'à notre automobilisme, né d'hier, qui ne reste pas le dernier à considérer en l'occurrence.

Jusqu'à l'imprimerie à vapeur, les machines rotatives, qui centupleront dix fois le vol de la pensée humaine.

Jusqu'au télégraphe, au téléphone, aux dernières inventions du génie humain.

Alors, tous les bienfaits attachés au progrès moderne, dans la *Machine*.

Pour s'en faire une idée, sans essayer de les énumérer, car il n'est guère possible de les concevoir tous... il suffit de se figurer un instant l'état des peuples contemporains, sans la Machine — le Gaz, l'Electricité, la Vapeur, etc.

« Ce serait la nuit, presque la barbarie sur le monde ».

. . . .

Voilà l'œuvre découlée du Baromètre :

Tout le progrès, toute la civilisation de notre temps.

Tout ce progrès, cependant, acheté trop cher ; encore aujourd'hui payé de trop de sang, de trop de larmes.

« *La Machine sans son unité naturelle...* »

« Insuffisance de l'Art de l'Ingénieur, »

« Imperfection de nos lois sociales. »

IV

LE BAROMÈTRE

ET L'UNITÉ DE MESURE

UNE EXPÉRIENCE PHYSIQUE

Pascal, ayant démontré victorieusement la pesanteur de l'air, donnant ainsi aux travaux de Torricelli toute leur portée scientifique, ruiné du coup la théorie de « l'horreur du vide », en prouvant que le niveau du baromètre s'abaisse à mesure qu'on s'élève sur les sommets, en raison de la dépression de l'atmosphère, selon l'altitude croissante du lieu d'observation, Pascal, violemment attaqué jusque-là par l'école adverse, s'écriait :

« *Que tous les disciples d'Aristote assemblent ce qu'il y a de plus fort dans les écrits de leur maître et de ses commentateurs pour expliquer ces choses par l'horreur du vide, s'ils le peuvent;* **sinon qu'ils reconnaissent que les expériences sont les seuls maîtres qu'il faut suivre dans la physique,** *etc.* »

« *Que l'horreur du vide n'existe pas dans la nature ; qu'il faut rapporter à la pesanteur de l'air tous les effets qu'on avait attribués jusqu'ici à cette cause imaginaire;* **vérité qui ne saurait désormais périr.** »

A notre tour, à l'exemple de tous nos maîtres en science, de Pascal, de tant d'autres savants, avant et après lui, qui n'ont jamais procédé autrement dans la démonstration du bien-fondé de leurs découvertes, la « *preuve expérimentale* » seule admise en Physique, pour l'acquis d'une vérité scientifique nouvelle, imaginons l'expérience suivante :

Comme appareil, le plus simple et le plus parfait instrument de mesure : une balance pneumatique de précision, munie de son *vernier*, dans sa partie supérieure ; et dont les dispositions s'expliquent d'elles-mêmes par l'examen de la *fig.* 1 avec les quelques mots qui suivent relatifs à son fonctionnement.

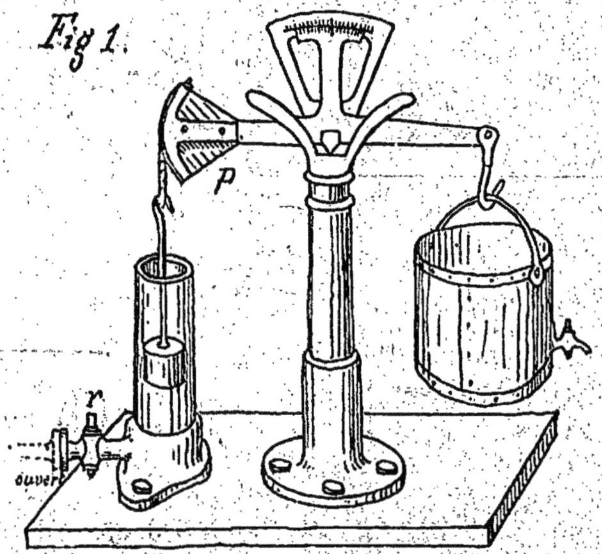

Etat de repos du système mobile, seulement sollicité par les masses égales, de chaque côté du balancier, du piston et du récipient équilibrés comme poids.

Un piston étanche, de diamètre indéterminé, à glissement doux dans son cylindre, ouvert par le haut, avec un contrepoids P, faisant équilibre à un récipient de tôle légère, de l'autre côté du balancier.

Faisons le vide dans le cylindre ; celui-ci en communication, par le bas, avec une machine pneumatique.

La pression atmosphérique, agissant sur le dessus seul du piston, le dessous soustrait à celle-ci, l'équilibre est rompu, le piston descend, emportant le récipient (*fig.* 2).

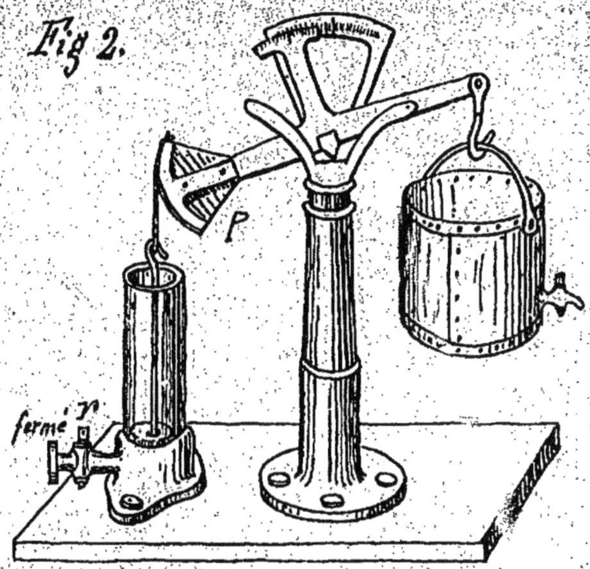

La pression atmosphérique, agissant uniquement sur le dessus du piston ; celui-ci est poussé à fond de course par cette force naturelle ; la pesanteur de l'air, issue de la **Force**, soulève le récipient de l'autre côté du balancier. Le robinet *r* fermé, ce mouvement du balancier opéré.

Fermons le robinet *r* de communication du cylindre avec la machine pneumatique.

Séparons un instant celle-ci de notre appareil d'expérience, pour plus parfaite compréhension de ce qui va suivre.

« Le vide existe sans le piston » — d'ailleurs nul « espace nuisible », si l'on veut, entre celui-ci et le fond du cylindre.

Si nous ouvrons maintenant le robinet *r*, l'air pénétrera sous le piston — et le système mobile reprendra sa position première.

Mais laissons le robinet fermé — et le piston au bas de sa course.

Versons de l'eau dans notre récipient, jusqu'à ce que son poids, avec cette surcharge, de ce côté du balancier, fasse équilibre, de l'autre côté, au poids de l'atmosphère, à la *pression atmosphérique* agissant sur le piston; l'appareil d'expérience ainsi amené à l'état d'équilibre *statique*.

Jusqu'à ce que le balancier reprenne sa position horizontale parfaite (*fig.* 3).

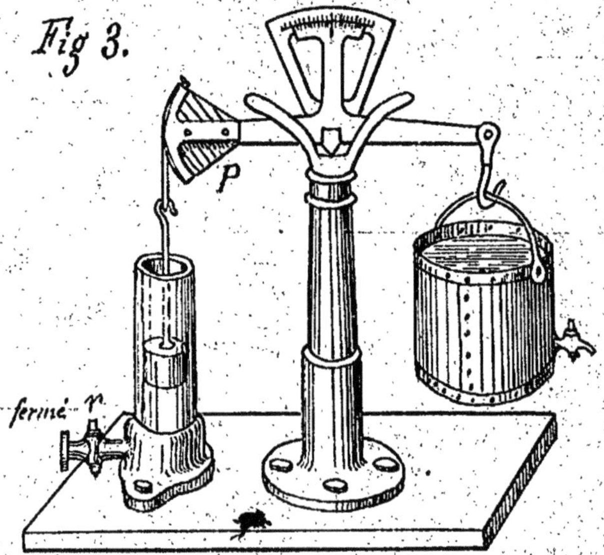

État d'équilibre statique du système mobile, le piston soumis à l'action de la pression atmosphérique exercée sur sa surface supérieure, le vide dans le cylindre, sous le piston; l'eau contenue dans le récipient équilibrant l'action de la Pesanteur, de cette pression.

Maintenant seulement ouvrons doucement le robinet *r*. L'air trouve accès dans le cylindre.

La pression atmosphérique n'agit plus seulement sur le piston, mais en dessous; sur ses faces supérieure et inférieure.

L'équilibre atmosphérique est ici rétabli.

Le récipient, augmenté dans sa masse du poids de l'eau

que nous y avons versée, l'emporte à son tour sur le piston et descend lentement sur le socle de la balance sur lequel il vient reposer (*fig.* 4).

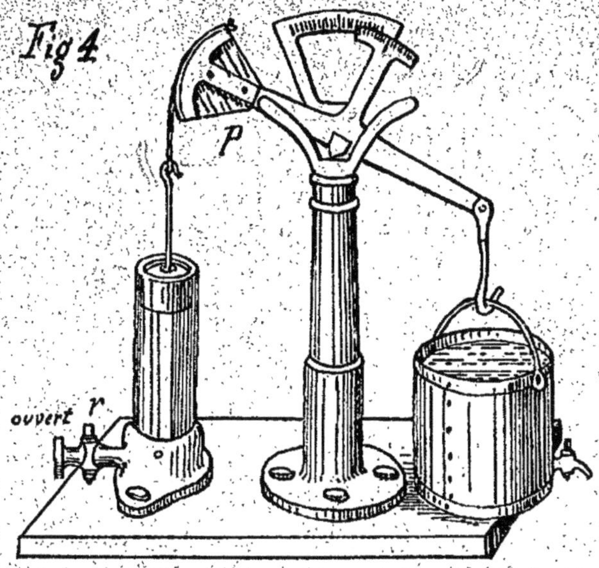

Le robinet r ouvert, l'équilibre statique de l'appareil est rompu; l'air pénètre sous le piston ; la pression atmosphérique, la pesanteur de l'air, qui agissait uniquement sur celui-ci, ne soutient plus le récipient à l'extrémité du balancier; le poids de l'eau emporte le système mobile de ce côté.
Le récipient vient reposer sur le socle de la balance.

Recueillons l'eau dans un bassin.

Quand le récipient est vide, le balancier de ce côté se relève.

Et voici notre premier état d'équilibre retrouvé; l'appareil au repos des forces agissantes ayant déterminé l'expérience.

Le système mobile a repris sa position indiquée par la *fig.* 1, que nous reproduisons dans la *fig.* 5 — pour l'effet physiologique exercé sur nous par la vue.

Tout est remis en l'état premier.

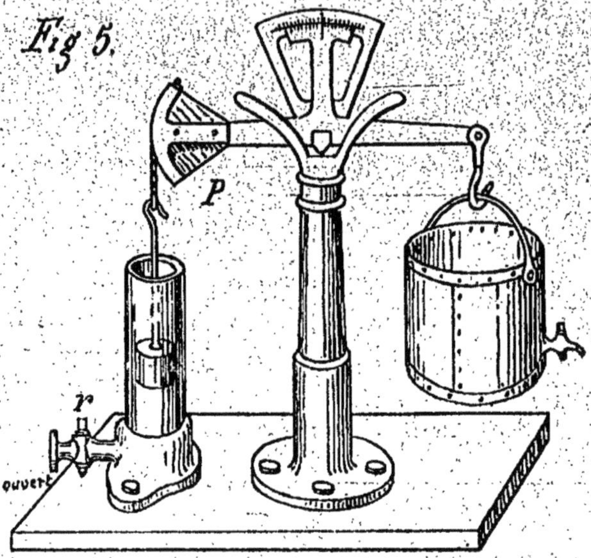

Le récipient vide, l'appareil retrouve ses conditions premières d'équilibre, au repos des forces agissantes (*fig.* 1).

Il nous reste l'eau du bassin, sa masse en tant que volume et poids, comme résultat de l'expérience, et la surface du piston, sur lequel s'est exercée un instant la pression atmosphérique, ainsi mesurée par nous, comparativement à ces deux quantités.

Il est entendu que celle-ci a été faite dans toutes les conditions de rigoureuse exactitude exigée par la science physique :

Eau distillée employée à son maximum de densité, frottement nul, dans l'hypothèse ; etc.

Cette masse d'eau nous représente donc bien le poids de l'atmosphère sur une surface maintenant déterminée en raison de ce volume.

Si cette surface avait été deux fois plus grande, le volume d'eau eût été deux fois plus grand.

Si la surface du piston eût été deux fois plus petite, la masse d'eau devenait deux fois plus petite.

C'est la *loi* des pressions.

Si donc maintenant nous imaginons, destinée à recevoir l'eau du récipient, une longue mesure cylindrique, de même section que le cylindre d'expérience, de même diamètre que le piston — « *quels que soient cette section, ce diamètre* », qui restent identiquement les mêmes dans notre mesure et dans ceux-là, nous obtenons forcément, en versant dans celle-ci notre masse liquide, une même hauteur de colonne d'eau — *quelles que soient les dimensions du cylindre sur lequel nous venons d'opérer;* à condition que ces dimensions en section ou diamètre correspondants soient les mêmes dans notre tube-mesure que dans celui-là.

Ainsi, dans notre expérience, la surface indéterminée de notre piston ne change rien au résultat :

Quelle que soit cette surface, toujours même hauteur d'eau dans le tube-jauge, le tube-mesure, de même diamètre que le piston, dans lequel nous aurons versé l'eau du récipient après l'expérience.

Supposons, par exemple, trois surfaces de pistons indifféremment plus grandes les unes que les autres, avec leurs trois mesures d'eau correspondantes; celle-ci recueillie après expérience trois fois répétée sur ces trois dimensions.

Les trois mesures d'eau, les trois longs tubes de verre, si l'on veut, bouchés par le bas, ayant chacun même section, que leur cylindre ou piston à y rapporter :

Le niveau de l'eau sera sur une même ligne horizontale (*fig.* 6).

Et nous pouvons bien dire, pour rentrer dans les conclusions des résultats arithmétiques de notre expérience, la même, toujours reproduite avec ces seules différences de proportions dans des organes de mesure, toujours en rapport entre eux, puisque leurs dimensions sont toujours les mêmes, dans le diamètre du piston et celui de la mesure cylindrique de capacité finalement employée à déterminer une hauteur d'eau, toujours la même :

Nous disons, nous proclamons que voilà bien une hauteur prise dans la Nature, une « grandeur *naturelle* » — une « *constante physique* » déterminée dans la **Pesanteur**[1].

Diamètre des pistons égaux à leur section correspondante dans les trois tubes-mesures.
h, « grandeur constante ».

Toujours même niveau.

Et sur cette seule, cette première observation, nous allons concevoir aussitôt une seconde expérience, nous démontrant mieux la constance de cette colonne d'eau, dans notre appareil modifié.

Imaginons notre balance ainsi conçue : Deux pistons, les mêmes en diamètre et masse pesante, articulés aux deux extrémités du balancier (*fig.* 7).

Le tube vertical maintenu fixe par un moyen quelconque : collier de scellement contre un mur; supports *ad hoc*.

Quels que soient les diamètres des cylindres d'expérience.

Les deux pistons opposés semblables dans le même appareil.

1. Sauf correction à l'absolu de ce terme :
Moyenne à déterminer ici, comme à toute constante physique ; et telles que longueur du pendule, accélération de vitesse d'un corps tombant, partout variables, etc.
Le problème pour nous, résolu dans « quatre » mots.

Nous reproduisons ici d'une autre façon, l'expérience précédente.

« Les pressions sur les pistons de gauche sont proportionnels à leur surface. »

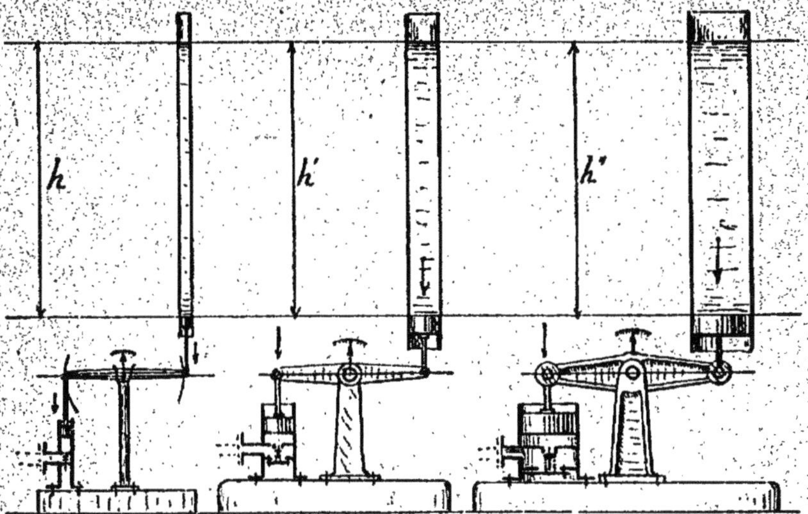

Le vide partout sous les pistons :

$$h = h' = h'', \quad \text{« grandeur constante »};$$

Toujours même hauteur naturelle dans nos tubes — la même que dans nos tubes-mesures.

Toujours volumes d'eau proportionnels aux surfaces de pression.

Constante physique déterminée par l'expérience.

Grandeur naturelle constante.

Et pour conclure ici, nous reportant aux travaux immortels des savants du XVIIe siècle, qui amenèrent la découverte du baromètre :

« Grandeur même que Galilée nommait *altezza limitatis-*

sima[1] » — car le phénomène physique déterminant cette hauteur d'eau, autrement provoqué, nous est connu... — sans songer, Galilée ni personne après lui, à y déterminer l'unité naturelle...

(L'époque, d'ailleurs, n'était pas à ces recherches, et ne vint qu'avec Huyghens.)

Celle que les Égyptiens, vraisemblablement, durent nommer *hauteur sacrée* — déterminant sur elle leur coudée royale, ou *sacrée*...

Et nous n'avons pas besoin de chercher plus loin :

« Il n'en est pas d'autre *dans la Nature.* »

C'est la même qu'obtint Pascal, en procédant avec un baromètre à eau, dans l'expérience de Torricelli — sans songer encore, ni Pascal, ni Torricelli, ni Newton, ni Huyghens dans la suite, à tirer de cette hauteur naturelle l'unité de mesure.

Sa variabilité, jusqu'à nous, éloignant l'esprit de chacun de telle considération métrologique, dans l'erreur de tous à ne pas s'y arrêter :

« *Rien n'étant plus fixe*, dans la Nature, que la masse et la constitution physique de l'atmosphère, effets de la **Force**, dans la manifestation de la vie à la surface de notre planète.

« Des milliers d'années — des millions de siècles, vraisemblablement, ne pouvant altérer l'une ou l'autre ; d'une fixité autrement certaine, sans doute, que les dimensions mêmes du globe. »

Ce que personne n'a considéré jusqu'à ce jour, dans la question de l'unité naturelle « inaltérable » à trouver.

La seule moyenne aux variations de la pression atmosphérique à déterminer par la science.

Cette moyenne a été calculée par Laplace, donnant à la

1. A la lettre : *grandeur très limitée* : extrême limite de cette grandeur naturelle, mesurant la pesanteur — ce qu'il faut traduire.

Autrement — la découverte de Torricelli opérée : « *grandeur naturelle ultime* » — nom qu'on peut lui donner aujourd'hui dans la science que Galilée eût accepté, après l'expérience de Pascal.

colonne barométrique de Pascal (colonne d'eau) une hauteur de 10m,33.

Moyenne de Laplace, d'ailleurs absolument contestable...

En acceptant ce chiffre, *a priori* (nous avons dit que nous règlerions ce point en « quatre mots »).

Nous disons ici qu'il faut 10 mètres à cette quantité, qui reste dès maintenant notre *unité naturelle* majeure.

Telle division de sa grandeur, réalisée comme instrument de mesure, non maniable, par 10, commandée par le *système décimal*, « seul naturel à l'homme » — ce que nous prouverons plus loin.

Dans l'hypothèse de cette preuve acquise à notre démonstration ; l'ordre décimal de numération enfin rentré dans nos usages, adopté par la science :

$$\frac{h}{10} = \textit{le mètre}.$$

Notre unité linéaire est déterminée.

Le *kilo* établi sur le décimètre cube d'eau distillée.

L'une et l'autre, *unités* de la **Force**, déterminées dans la vérité physique.

Alors, si nous considérons un tube barométrique d'eau de un *centimètre carré* (nouveau modèle) de section, nous avons :

Hauteur d'eau : 10 *mètres*.

Dans le tube : 1.000 *centimètres cubes* d'eau distillée, 1 **kilo**.

Donc enfin :

Pression atmosphérique = KILO.

Et non pas : 1kg,033 à l'expression numérique d'une « *unité* physique », *unité* de pression — contrairement à la *loi* des **Nombres**, immanente dans la *Nature*; son « *harmonie mathématique physique* » considérée, impeccable, dans toutes les *lois* de la **Force** à régir l'universel *Cosmos*. (*La Science dans la Nature*, page 10.)

$1^{k},033$

monstruosité physique en rationnelle *Métrologie.* »

Quantité perfide à la science, « de par les seules lois des *Probabilités* ».

« Tout calcul opéré sur cette quantité — encore *nombre premier*, indivisible, — fatalement plus sujet à erreur qu'en opérant sur l'unité. »

D'autre part, de par la décision prise au *Congrès de Physique*, en 1881, la quantité arithmétique, *pression atmosphérique* = $1^{kg},033$, a été abaissée, nous l'avons dit, à 1 *kilo* :

« C'est 33 *grammes* qui manquent ici dans tous les calculs de la force, à la mesure de pressions.

« Avec la quantité imparfaite $1^{kg},033$, ou cette quantité diminuée, ramenée à 1 *kilo*, employées dans les calculs de la *résistance des matériaux*, déterminés à la presse hydraulique...

« Dans tous les calculs de l'*Hydraulique*, etc., etc., etc. »

Nous ne rentrerons pas dans le détail de ces considérations d'un caractère essentiellement technique.

Nous prouverons effectivement, plus loin, la fatalité de la mesure.

L'erreur des déterminateurs du mètre est ici manifeste.

Nous concluons, de manière générale, dans la prétendue *cause inconnue* des accidents, relevant de l'art imparfait de l'Ingénieur : « *Il n'y a pas d'effet sans cause.* » (Principe de Mécanique.)

Hamlet dit :

« Il y a quelque chose de pourri dans le Danemark. »

Nous disons, nous :

« Il y a quelque chose de mal équilibré dans l'art mécanique — qui embrasse tout le progrès moderne.

« Quelque chose de *fatal*, de funeste aux *hommes.* »

Cette cause — avec l'insuffisance de l'art de nos Ingénieurs — vient du mètre, mal déterminé dans la Nature, ayant créé cette quantité arithmétique, monstruosité métrologique :

Pression atmosphérique = $1^{k},\underline{033}$

« Il faut **1** ici, il faut l'*unité* — comme à toutes les *unités* de mesures. »

Le mètre, œuvre mauvaise.

Produit de l'Erreur. C. Q. F. D.

LES UNITÉS DE LA FORCE DÉTERMINÉES

TABLE DE REGNAULT RECTIFIÉE

VAPEUR D'EAU

I

TEMPÉRATURES	ATMOSPHÈRES	PRESSIONS
degrés	unités	kilogrammes
100	1	1
120.6	2	2
133.9	3	3
180.3	10	10
213.6	20	20
230.9	28	28
»	100	100
»	1.000	1.000
»	10.000	10.000

Pressions et atmosphères s'égalisent :

La troisième colonne se confond avec la deuxième.

Nous la biffons.

II

TEMPÉRATUBES	ATMOSPHÈRES	PRESSIONS
degrés	unités	kilogrammes
100	1	[illegible]
120.6	2	2
133.9	3	3
180.3	10	10
213.0	20	20
230.9	28	28
»	100	100
»	1.000	1.000
»	10.000	10.000

La table devient :

TABLE DE REGNAULT

III

TEMPÉRATURES DEGRÉS CENTIGRADES	ATMOSPHÈRES ou PRESSIONS *(kilog.)*
100	1
120.6	2
133.9	3
180.3	10
213.6	20
230.9	28
»	100
»	1.000
»	10.000

La quantité fatale — le chiffre *fatidique* :

1k, 033

disparaît de tous les calculs de la science.

. . . .

FIN DE LA PREMIÈRE PARTIE

POUR NOTE ET POUR PRENDRE DATE

La découverte des *unités* de la Force remonte à 1893.

Lettre de M. Félix Faure, datant de 1895 (époque du dernier Congrès du mètre) entre nos mains, relative à notre communication en ces circonstances.

1900. Communication au *Congrès de physique.*

Octobre 1900.

Pour prendre date ici :

Comme conséquence de la division de la colonne barométrique par 10, pour déterminer le mètre, nous diviserons la colonne de mercure du tube de Torricelli — à la pression moyenne de l'atmosphère, que nous déterminerons ultérieurement — en parties *centésimales*, divisées elles-mêmes décimalement ; telle graduation de l'échelle barométrique, poursuivie suffisamment pour mesurer les plus hautes pressions de l'atmosphère.

« **Graduation rationnelle** du *baromètre.* »

Nous exposerons plus loin cette réforme.

La *Météorologie* trouvant aussitôt ici une unité universelle; comme les peuples, dans une évaluation comparative de leurs mesures à cette grandeur, dans leurs rapports internationaux, en science, comme dans le Commerce.

MÉTROLOGIE RATIONNELLE

PHYSIQUE GÉNÉRALE

Par cette réforme :

Le thermomètre *centigrade* entrant en rapport parfait avec le baromètre *centigrade.*

Le baromètre *centigrade*, à eau ou à mercure, anéroïde, quelconque, inspirant l'invention du même manomètre *centigrade* à mercure, à liquide quelconque, métallique ; de l'Indicateur de Watt à échelle *centigrade*, uniquement établie sur le *Kilo-atmosphère* = 1, en rapport parfait avec le baromètre et le thermomètre *centigrades.*

Rapport parfait du baromètre, du manomètre, de l'Indicateur *centigrades* avec l'*atmosphère* = 1 = kilo et le **kilo** décimal :

Dans cette même graduation *centigrade* (*milligrade*, aux instruments de précision) de tous ces appareils, 1 *millième* correspondant au *millième* de l'unité de poids, au *gramme;* 1 *centième*, au *décagramme;* 1 *dixième*, à l'*hecto;* l'échelle entière au **kilo**, à l'unité de *poids.*

Le tout conforme à l'harmonie physique universelle.

LES UNITÉS DE LA **Force**

h, colonne de mercure, moyenne provisoire : 759,46 *millimètres.*
kilo-*atmosphère* = 1^{kg},00999963090 au kilo actuel :

$\frac{1}{10}$ en plus — à moins de un *millionnième* $\left(\frac{1}{1.000.000}\right)$ près.

l, longueur du pendule qui bat 100.000 oscillations par jour : 0^m,718590 au *nouveau* **mètre.**

C, *pied*(côté de la mesure) et cube d'eau distillée, à + 4°, établissant le **kilo** (la quantité même de liquide contenue dans le tube barométrique d'eau, dont la section établit ainsi expérimentalement l'*unité* de surface de pression, comme toutes nos grandeurs naturelles) : « *Unités jumelles de la* **Force** » — ultérieurement, théoriquement déterminées.

Le *mètre*, multiple décimal de l'unité linéaire de la Force : le pied.

h, dans le baromètre à eau : grandeur naturelle majeure = 100 pieds = 10 mètres ; détermine l'*Are*.

Litre, stère : $\frac{1}{10}$ en plus des unités actuelles. — Monnaies $\frac{1}{10}$.

« **Système décimal** *naturel*. »

Paris, octobre 1900.

Ad. Gadot.

Documents manquants (pages, cahiers...)

NF Z 43-120-13

www.ingramcontent.com/pod-product-compliance
Ingram Content Group UK Ltd.
Pitfield, Milton Keynes, MK11 3LW, UK
UKHW012250240726
13966UKWH00004B/1370

9 782013 553155